Ouvrages parus
dans la même collection :

- *Organes de transmission* - R. Champly
- *Catéchisme des chauffeurs*
- *Des mécanismes élémentaires* - L.E. Loche
- *Traité pratique des engrenages* - L. Wève
- *Distribution de la vapeur* - M. Castelnau
- *Fabriquer des moteurs Stirling* - A. Ross
- *Moteurs* - Tome 1 et 2 - Max de Nansouty
- *Moteurs & Gazogènes* – L. Letombe
- *L'Artillerie moderne de monde industriel)* – L. Huard
- *La Marine de guerre de monde industriel)* – L. Huard
- *Locomotive & Chemin de Fer* – L. Figuier
- *Engrenages & Transmissions* – G. Franche
- *La machine locomotive* – E. Sauvage
- *Gouvernails à vapeur FARCOT* – J. Farcot
- *Les bateaux à vapeur* – L. Figuier
- *Les Locomobiles* – L. Figuier
- *La machine à vapeur T1* – E. Sauvage
- *La machine à vapeur T2* – E. Sauvage
- *Manuel du moteur Stirling pour le modéliste* – D. Lyonnet
- *Les chemins de fer* – A. Guillemin
- *Tiroirs et distributeurs de vapeur* – A. Madamet
- *La Marine de guerre – A. Sauvaire–Jourdan*
- *L'A.B.C. du Chauffeur* – H. Mathieu
- *La navigation sous–marine* – G.L. Pesce
- *Histoire de la machine à vapeur* – R.H. Thurston
- *Les paquebots à grande vitesse* – M. Dumoulin
- *Les Moteurs* – H. de Graffigny
- *Les Torpilles* – E. Hennebert
- *507 Mouvements mécaniques* – H. Brown
- *Les Machines* – E. Collignon
- *La Vapeur* – A. Guillemin

u'une **machine** motrice fonctionne elle a à vaincre des resistances dont **varie à chaque instant**; d'où il résulte que le mouvement de la machine se ra d **les résistances augmentent**, et qu'il s'accélère quand, au contraire, elles diminuent. ttténuer ces **variations de vitesse** dans la machine à vapeur fixe, on adapte à **modérateur** qui, dans le mouvement qu'il reçoit de la machine même, ferme oins la **soupape** d'introduction de la vapeur, selon que la vitesse de la ma à **augmenter** ou bien à diminuer.

Description du modérateur.

ort cintré surmonté de la colonne B traversée par l'arbre vertical C du ateur. Cet arbre reçoit un mouvement **de** rotation de la machine même yen d'un engrenage conique dont la roue de commande D est montée sur e de couche F de cette machine.
du modérateur terminés par les boules pesantes H.
doubles qui relient les bras au manchon mobile K.
e des bras.
nette engagée dans la gorge du manchon K. C'est à cette fourchette que achent les pièces qui transmettent le mouvement du modérateur à la valve pape à gorge N placée dans le tuyau d'admission de vapeur O, lequel che dans la boîte P du tiroir de distribution Q.
e poids qui sert à équilibrer l'ensemble des pièces de transmission.

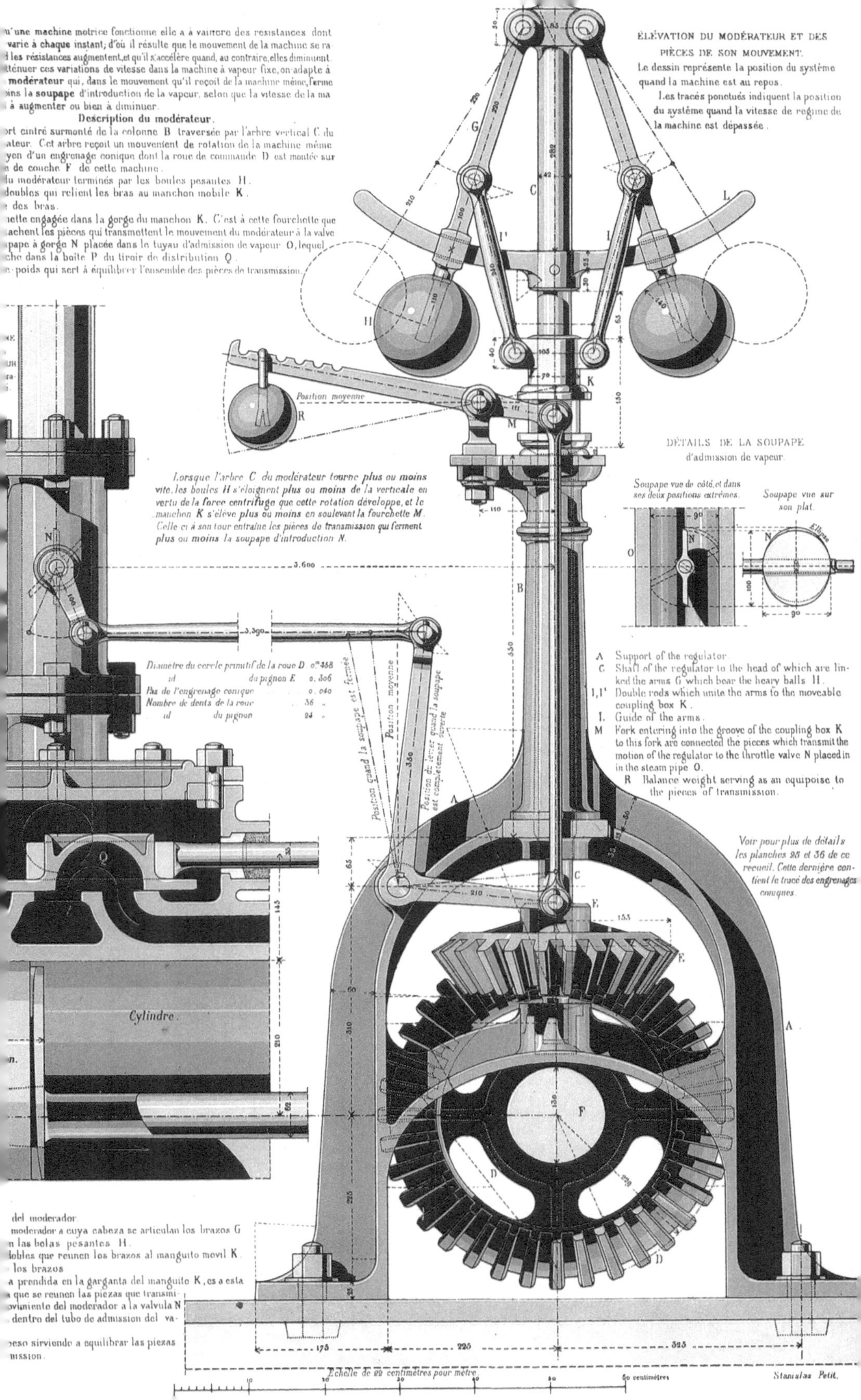

del moderador.
moderador a cuya cabeza se articulan los brazos G n las bolas pesantes H.
dobles que reunen los brazos al manguito movil K.
los brazos
a prendida en la garganta del manguito K, es a esta a que se reunen las piezas que transmi ovimiento del moderador a la valvula N dentro del tubo de admission del va-
peso sirviendo a equilibrar las piezas mission.

Tous nos ouvrages sont disponibles aux Éditions Decoopman
Ferrières - 30440 Saint-Laurent-le-Minier
Tel : +33 (0) 4.67.73.90.95
web : www.decoopman.com
e.mail : editions@decoopman.com

Catalogue gratuit sur simple demande

Olivier Lacaux
Jean Castanier

Dépot légal : 1er trimestre 2015

I.S.B.N. : 978-2-36965-031-7

LES MACHINES À VAPEUR

Jean-Paul DELABY

C'est au début des années 70 que Jean-Paul Delaby se met à collectionner les machines à vapeur.

Il s'installe, en 1975, dans un local parisien qui deviendra le magasin Steam, bien connu des amateurs et des collectionneurs.

A partir de ce moment, l'amour de la vapeur et de la belle mécanique ne le quittera plus.

De restaurations en constructions, Jean-Paul Delaby devient un expert sur le sujet et ses doigts d'or lui feront réaliser, au fil des ans, des modèles extraordinaires qui nous font toujours rêver.

Aujourd'hui à la retraite mais toujours aussi passionné, Jean-Paul Delaby reste un « électron libre » ouvert sur le monde et toujours prêt à partager ses connaissances et son expérience.

LA MACHINE A VAPEUR ET L'ANTIQUITÉ

C'est à un savant de l'École d'Alexandrie, HÉRON, qui vivait 120 ans avant l'ère chrétienne que la plupart des auteurs modernes rapportent l'honneur d'avoir inventé et construit la première machine à vapeur.

Fig. 1. – HÉRON fait l'expérience de l'Éolipyle devant les savants d'Alexandrie.

Dans un petit traité intitulé « SPIRITALIA », HÉRON décrit divers mécanismes dont l'Eolipyle, petite machine à vapeur qui consiste à « faire tourner une petite sphère sur son axe au moyen d'une marmite chauffée. »

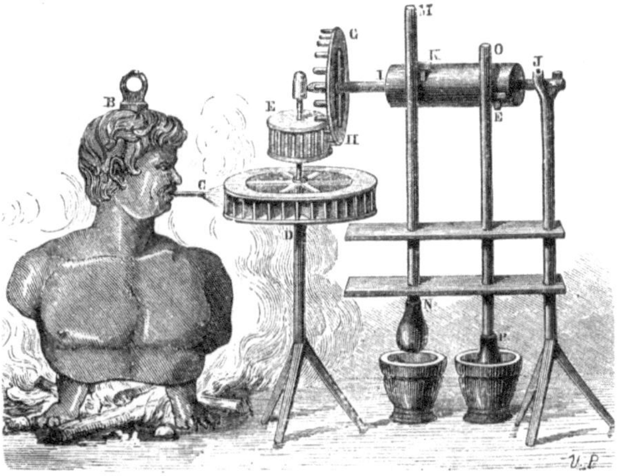

Fig. 2. – ÉOLIPYLE décrit par BRANCA, architecte Romain en 1629.

Il faudra attendre la première moitié du XVIIe siècle pour que des hommes de science tels que SALOMON de CAUS, ingénieur du roi Louis XIII, Giovani BRANCA, architecte romain, le marquis de WORCHESTER, en Angleterre, Otto de GUERICKE en Allemagne tentent de nouvelles expériences sur la force de la vapeur, pendant que d'autres tels que PASCAL, GALILÉE, TORRICELLI mettent en évidence la pression atmosphérique.

Il fallait un homme de génie pour féconder l'ensemble de leurs découvertes. Il ne se fit pas attendre. Il était Français et s'appelait Denis PAPIN.

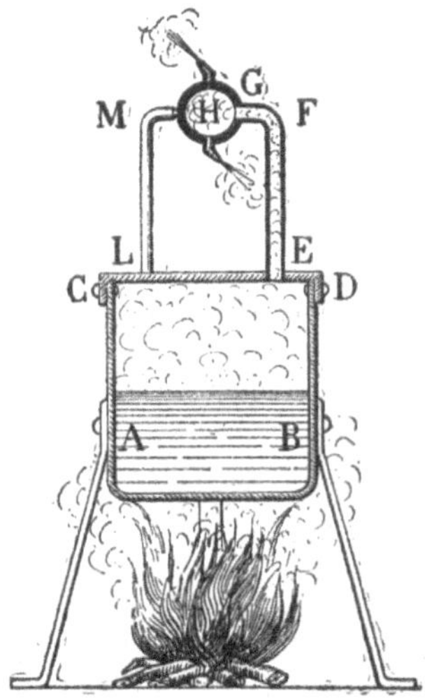

Fig. 3. – ÉOLIPYLE ou appareil de HÉRON.

Denis PAPIN (1647 - 1714)

Denis PAPIN est né à Blois le 22 août 1647 sous le règne de Louis XIV. Fils de médecin protestant, il devient lui-même médecin à l'âge de 24 ans. Il préfère les sciences physiques et commence par travailler au côté du célèbre savant Hollandais HUYGHENS.

En 1675 il quitte la France pour l'Angleterre. C'est là qu'il invente un appareil appelé DIGESTEUR ou MARMITE de PAPIN qui : « peut cuire toutes les viandes en peu de temps et à peu de frais ». Pour « savoir ce qui se passait dans le pot et veiller à l'exacte cuisson des viandes « il dispose sur le couvercle de la marmite une soupape avec un bras de levier et un poids ; ce dispositif deviendra plus tard l'indispensable « soupape de sécurité » des chaudières à vapeur.

Fig. 4. – Denis PAPIN

Denis PAPIN est donc d'abord l'inventeur de l'autocuiseur également appelé « cocotte minute ».

Malgré la bonne situation que lui valut l'invention de cet appareil, PAPIN quitte Londres pour Venise où il restera deux ans.

Fig. 5. – Marmite de Papin

Il retourne alors à Londres et travaille sur une machine pneumatique avec laquelle il pense pouvoir « transporter au loin la force des rivières ». Le modèle expérimental fonctionne, mais la machine réalisée en grand donnera de très mauvais résultats ; déçu et ruiné il veut alors rentrer en France mais, comme la révocation de l'édit de Nantes en 1685 prive de leurs droits les protestants Français, il préfère l'exil à l'abjuration et part pour l'Allemagne enseigner les mathématiques.

Il y reprend les travaux de son premier maître HUYGHENS dans une machine qui utilisait la puissance de la pression atmosphérique sur un piston derrière lequel on faisait le vide en brûlant de la poudre à canon. Cette machine fonctionnait mal car le vide n'était que partiellement réalisé. Denis PAPIN eut alors l'idée géniale de remplacer la poudre à canon par la vapeur d'eau condensée comme moyen de faire le vide (Fig. 5).

La machine à vapeur atmosphérique était inventée, encore fallait-il la réaliser en grand !

La figure 6 permet d'expliquer le principe de cette machine. « A » est un cylindre fermé du bas, ouvert du haut et contenant de l'eau sous un piston mobile « B ». Un conduit dont l'orifice est en « C » traverse ce piston et a pour effet de permettre d'abaisser celui-ci jusqu'à ce que sa face inférieure touche l'eau en faisant sortir l'air qui existe au-dessous, après avoir bouché cet orifice « C » avec la tige « D ». On chauffe ensuite l'eau du bas du cylindre jusqu'à ébullition et la vapeur

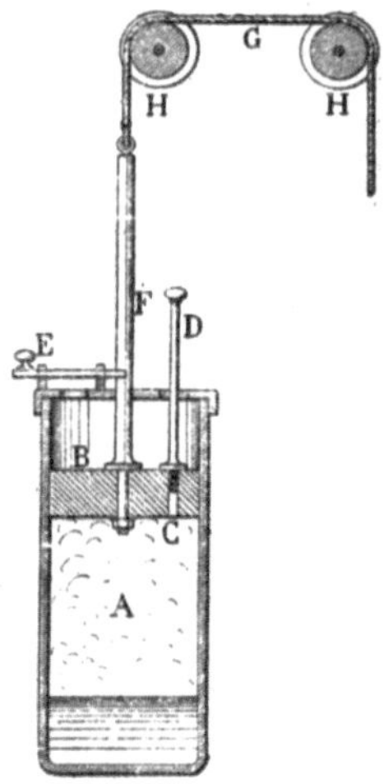

Fig. 6. – Machine à vapeur atmosphérique de PAPIN.

chasse alors le piston jusqu'en haut du cylindre. On pousse ensuite un cliquet « E » qui bloque la tige de piston « F » et le maintient ainsi dans cette position.

En éloignant la source de chaleur qui avait portée l'eau à ébullition, le cylindre se refroidit, la vapeur se condense en formant le vide au- dessous du piston. Si on retire alors le cliquet « E », le piston pressé par tout le poids de l'atmosphère extérieure se précipite aussitôt au fond du cylindre et peut ainsi servir à élever des poids que l'on aurait attachés à l'extrémité de la corde « G » fixée à la tige de piston et s'enroulant sur deux poulies « H ».

Au lieu d'essayer d'améliorer cette découverte, Denis PAPIN se lance dans la réalisation d'autres machines sans succès.

Ruiné, oublié de tous, il meurt presque inconnu dans la misère, en Angleterre en 1714 sans connaître la réalisation industrielle de ses inventions géniales.

LA PREMIÈRE MACHINE À VAPEUR INDUSTRIELLE

C'est un habile serrurier Anglais, NEWCOMEN, qui entreprit de poursuivre et d'améliorer la machine atmosphérique de PAPIN. Tout d'abord il accéléra la condensation de la vapeur en refroidissant par un jet d'eau froide les parois extérieures du cylindre, puis par un heureux hasard il découvrit que la condensation de la vapeur se faisait beaucoup mieux en injectant une pluie d'eau froide à l'intérieur même du cylindre.

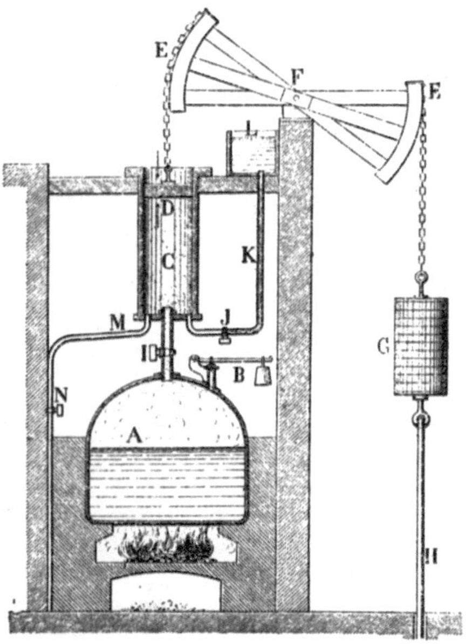

Fig. 7. – Machine à vapeur de Newcomen.

Grâce à ce perfectionnement, la première machine installée en 1712 put donner huit coups de piston à la minute et remplacer ainsi le travail de cinquante chevaux employés pour l'assèchement de la mine.

Cette machine atmosphérique fut appelée par la suite « machine de Newcomen ». Elle fut très vite adoptée dans presque toutes les exploitations minières (Fig. 7).

Elle fut appelée aussi « pompe à feu » du fait qu'elle servait exclusivement à pomper de l'eau au moyen du feu.

Pendant plus d'un demi siècle ce type de pompe fonctionnera sans grandes innovations autres que des transformations d'ordre mécanique.

La première pompe à feu installée en France par les frères PERRIER fut construite en Angleterre en 1773.

En 1789, il n'existait encore en France qu'une seule machine à vapeur : la pompe à feu de Chaillot destinée à la distribution de l'eau dans PARIS.

Il faudra attendre l'année 1826 pour voir sortir des ateliers du Creusot la première pompe à feu construite en France. Il s'agissait de la pompe à feu de Marly.

(Fig. 8) Page précédente : Première pompe à feu de Chaillot construite en 1773.

LES MACHINES ATMOSPHÉRIQUES

Le premier perfectionnement apporté au mécanisme de la machine à vapeur atmosphérique est dû à une circonstance qu'il est amusant de rapporter.

Dans la machine telle que NEWCOMEN l'avait construite, les deux robinets destinés, l'un à l'accès de la vapeur, l'autre à introduire l'eau de condensation dans le cylindre, s'ouvraient et se fermaient à la main.

Fig. 9. – Ateliers de construction de machine à vapeur de Boulton et Watt, près Birmingham.

Un ouvrier, et souvent un enfant étaient chargés d'exécuter cette opération et, quelles que fussent leur habitude ou leur adresse, on ne pouvait guère obtenir plus de dix à douze coups de piston par minute ; en outre la moindre distraction de leur part, non seulement retardait le jeu de la machine, mais pouvait compromettre son existence.

En 1713, un enfant chargé de ce soin, contrarié, dit-on, de ne pouvoir aller jouer avec ses camarades, imagina un moyen de se soustraire à ce travail forcé. Il avait remarqué que l'un des robinets devait être ouvert au moment où le balancier avait terminé sa course descendante, pour se fermer au commencement de l'oscillation opposée. La manoeuvre du second robinet était précisément l'inverse.

Fig. 10. – Humphry POITER ou le paresseux de génie, d'après une gravure du temps

C'est alors que l'enfant imagina que le balancier pouvait lui-même servir à fermer et à ouvrir les robinets. Son plan, aussitôt conçu, fut mis à exécution. Il attacha à chacun des robinets deux ficelles de longueur inégale et il fixa leur extrémité à des points convenablement choisis sur le balancier ; de telle sorte qu'en s'élevant ou s'abaissant par l'action de la vapeur, le balancier ouvrait ou fermait lui-même les robinets au moment nécessaire.

La machine put ainsi marcher seule et l'enfant s'en alla triomphalement rejoindre ses camarades.

La tradition nous a conservé le nom de cet utile paresseux de génie : il s'appelait Humphry POTTER. Le mécanicien BEIGHTON substitua aux ficelles du jeune PUTTER une tringle de fer verticale.

La machine put alors donner quinze coups par minute !

LES MACHINES A SIMPLE EFFET

James WATT, un constructeur d'appareils de physique, entreprit d'apporter des perfectionnements à la machine de Newcomen. En 1765 il réalise sa première et peut-être sa plus importante découverte en adaptant à la machine de Newcomen un vase dans lequel il fera condenser la vapeur; ainsi modifiée la machine dépensait moitié moins de combustible.

Par une autre invention, WATT changea complètement le principe moteur de cette machine en remplaçant la force de la pression atmosphérique par celle de la force élastique de la vapeur. Cette machine reçut le nom de machine à « simple effet ».

Ainsi peut-on dire que WATT créa la véritable machine à vapeur car pour la première fois on tirait la puissance motrice de la seule force élastique de la vapeur.

En 1775, grâce à un génie de l'industrie, BOULTON, WATT construit sa première machine à simple effet; à travail égal, elle réduisait des trois quarts les dépenses de combustible consommé par la machine de Newcomen!

James WATT et son associé BOULTON ne vendaient pas leurs machines, ils les donnaient à qui voulait les prendre, en se chargeant même de les installer et de les entretenir à leurs frais. En échange ils réclamaient des propriétaires de mines le tiers de la somme annuellement économisée sur le combustible! Ce marché audacieux leur rapporta vite des sommes considérables, mais aussi de nombreux procès.

La machine à vapeur n'avait servi jusque-là qu'à l'épuisement de l'eau dans les mines. WATT voulut transformer la puissance dont il s'était rendu maître en un moteur susceptible de recevoir toutes les applications

que pouvait exiger l'industrie. Il y parvint rapidement par une série de découvertes qu'il mit au point sur une autre machine en faisant agir cette fois la force de la vapeur alternativement au-dessus et au-dessous du piston. Cette nouvelle disposition de la machine à vapeur permettait un travail égal et continu et en faisait un mécanisme parfait. Cette machine dite à « double effet » fut rapidement transformée en moteur universel et fonctionnera dans son principe général pendant un siècle et demi.

Pour tirer parti de la force motrice développée par la machine à vapeur ainsi modifiée, il fallait adapter une nouvelle manière de communiquer au balancier le mouvement du piston.

WATT imagina, par l'application d'une simple manivelle dans le genre de celle dont se servait le rémouleur avec son pied, de transformer le mouvement alternatif du piston en un mouvement rotatoire. Ce mouvement alternatif fut transmis à l'une des extrémités du balancier par un dispositif articulé appelé « Parallélogramme » de WATT et à la manivelle par une bielle articulée sur l'autre extrémité du balancier.

Fig. 11. – Page précédente : La pompe à feu de Chaillot en 1851.

LA MACHINE À VAPEUR À DOUBLE EFFET

Dans la machine à double effet, la vapeur qui agit tantôt sur une face du piston, tantôt sur l'autre est distribuée par une pièce mobile en forme de tiroir, appelée « tiroir à coquille ».

Le mouvement alternatif du tiroir est généralement produit par une came ou un excentrique placés sur l'arbre moteur de la machine, de sorte que son mouvement suit et dépend du déplacement du piston.

Le tiroir se déplace dans un espace fermé appelé « boîte à vapeur » ou boîte à tiroir dans lequel on fait arriver la vapeur.

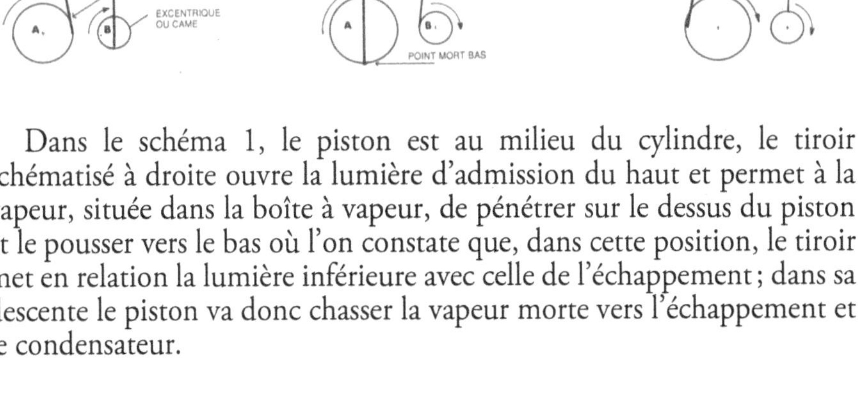

Dans le schéma 1, le piston est au milieu du cylindre, le tiroir schématisé à droite ouvre la lumière d'admission du haut et permet à la vapeur, située dans la boîte à vapeur, de pénétrer sur le dessus du piston et le pousser vers le bas où l'on constate que, dans cette position, le tiroir met en relation la lumière inférieure avec celle de l'échappement ; dans sa descente le piston va donc chasser la vapeur morte vers l'échappement et le condensateur.

Dans le schéma 2 le piston est arrivé au « point mort bas » et l'excentrique « B » est tourné du même angle que la manivelle « A ». Dans cette position la vapeur ne peut pénétrer dans le cylindre ; il en sera de même lorsque la manivelle sera au « point mort haut ».

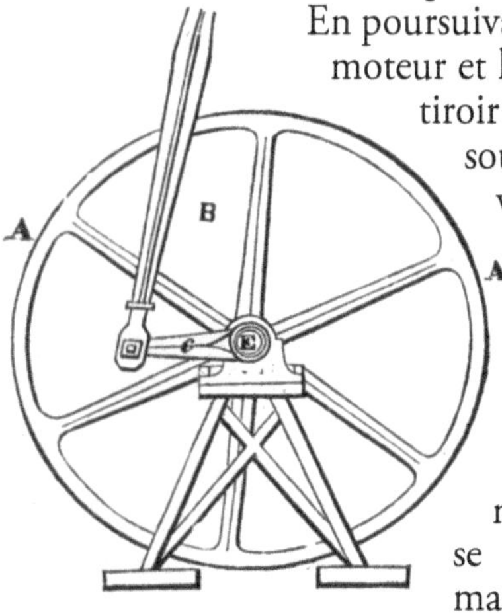

Fig. 12. – Volant et manivelle.

En poursuivant sa rotation, la manivelle, donc l'arbre moteur et l'excentrique vont déplacer ver le haut le tiroir permettant ainsi à la vapeur de pénétrer sous le piston (schéma 3) qui chassera la vapeur morte du dessus du piston vers l'échappement et le condenseur et le cycle recommencera.

Les machines à double effet furent équipées d'un volant, monté sur l'arbre moteur de la manivelle afin de compenser par l'action de leur masse mise en mouvement, les variations qui se produisent à tout instant, pendant la marche de la machine.

Le volant sert donc à régulariser le fonctionnement de la machine (Fig. 12). Les volants peuvent atteindre des diamètres considérables (10 mètres).

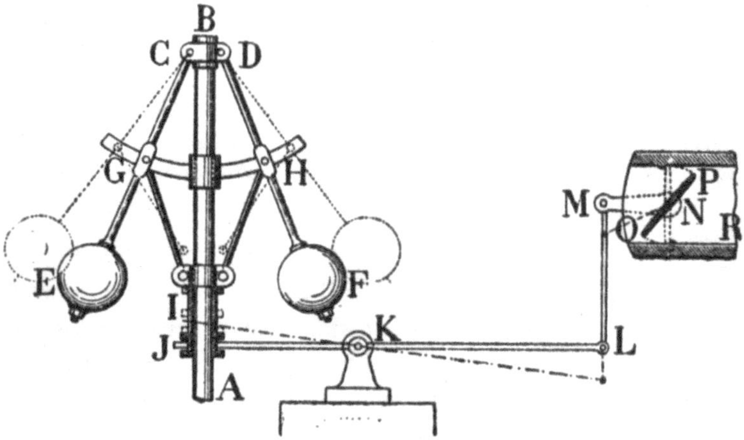

Fig. 13. – Régulateur à force centrifuge.

Le volant ne pouvait être le seul organe de régulation ; James WATT résolut donc d'agir sur l'arrivée de vapeur en installant dans le tuyau d'alimentation un papillon commandé par un mécanisme employé depuis longtemps dans les moulins à farine pour écarter ou rapprocher les meules et régulariser ainsi leur mouvement. La figure 13 fera comprendre le jeu de ce « régulateur à force centrifuge ». Relié à l'arbre moteur de la machine, cet appareil rend solidaire de la vitesse la plus ou moins grande arrivée du vapeur.

Le dernier perfectionnement apporté par WATT au fonctionnement de la machine à vapeur est relatif à l'emploi de la détente de la vapeur. Dans les figures 1, 2 et 3 de la page 8, on constate que la vapeur est admise dans le cylindre jusqu'au bout de la course du piston. En modifiant le tiroir, WATT n'envoyait de la vapeur dans le cylindre que pendant la première moitié de la course du piston, de sorte que la vapeur en se dilatant continuait à pousser le piston.

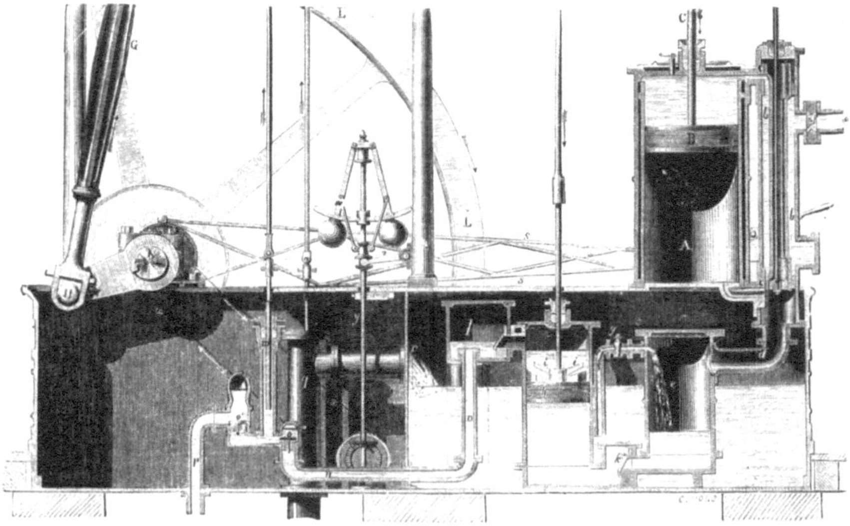

Fig. 14. – Machine de WATT à condensation. Coupe.

La machine à vapeur de Watt, arrivée au maximum de sa perfection, ne consommait plus que 6 kg de combustible par cheval/heure, alors que la machine de Newcomen en consommait 30 kg !

La gravure ci-dessous nous montre une « machine de WATT », installée quai d'Austerlitz à PARIS en 1858. Cette machine pompait de l'eau pour alimenter la ville de PARIS. Sa puissance était de 130 chevaux. La taille des personnages nous montre le gigantisme de cette machine. De telles machines travaillaient encore dans les années 60 ! Bien entendu 1960, soit souvent pendant un siècle...

Fig. 15. – Machine de Watt quai d'Austerlitz à PARIS en 1858.

LES LOCOMOTIVES A VAPEUR

En 1771, l'ingénieur Français CUGNOT avait bien réalisé un véhicule à vapeur, appelé « fardier », mais trop lourd et rudimentaire pour donner des résultats satisfaisants.

C'est l'Anglais TREVITHICK qui, après deux échecs avec deux véhicules routiers à vapeur, construisit en 1804 la première locomotive mise en service sur un chemin de fer minier de Penydarren au Pays de Galles; elle remorqua plusieurs wagons chargés de 10 tonnes d'acier et sur lesquels 70 hommes avaient pris place.

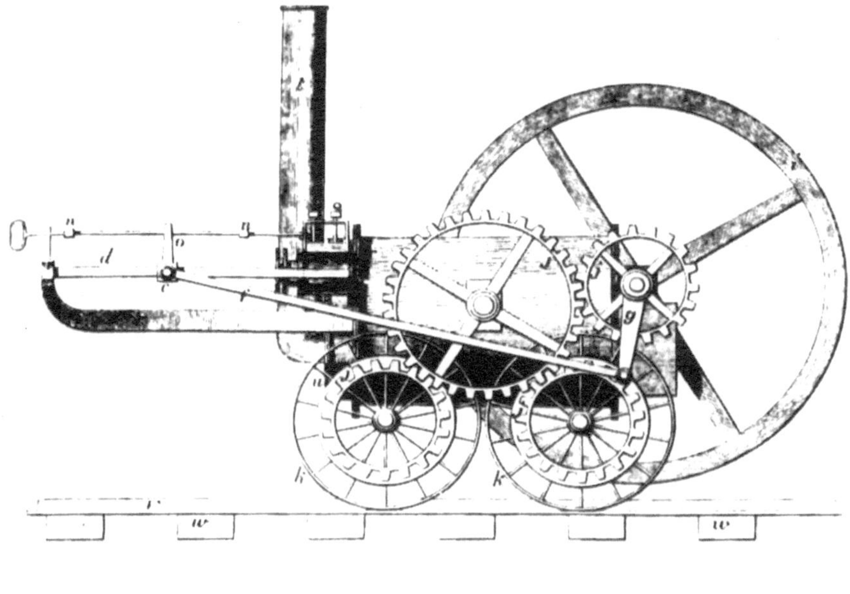

Fig. 16. – Locomotive de TREVITHIC.

Elle parcourut 16 km en un peu plus de 4 heures, c'est-à-dire à la vitesse d'un cheval au pas.

Entre 1804 et 1808, il construit 3 autres machines dont la dernière, beaucoup plus rapide fut appelée « *Catch me who can* » (m'attrape qui peut).

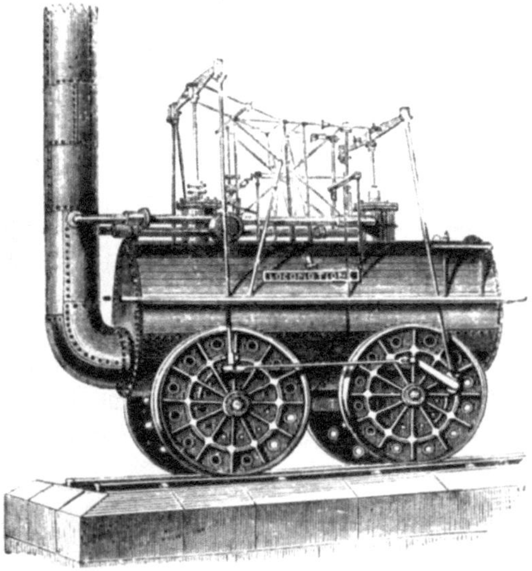

Fig. 17. – La première locomotive de George STÉPHENSON.

Dès lors de nombreux essais furent entrepris avec plus ou moins de succès. La première locomotive de George STÉPHENSON construite en 1814, comme on le voit (Fig. 17), avait tout un système, fort compliqué, de tiges pour la transmission de mouvement des pistons aux roues motrices.

C'était pour ainsi dire la machine fixe de WATT appliquée à un véhicule destinée à avancer sur rails.

Toutes les machines avaient le double inconvénient de détruire les voies alors en fonte et de patiner du fait de leur poids trop faible.

Les mécaniciens Anglais, pour empêcher le « patinement » proposèrent des inventions plus bizarres les unes que les autres, comme celle de munir la locomotive de sortes de béquilles venant s'appuyer sur le sol...

En 1827 le Français Marc SEGUIN invente la chaudière multitubulaire, véritable révolution qui trouvera, dès lors, son application dans toutes les branches de l'industrie.

En 1829, STÉPHENSON avec sa locomotive appelée « ROCKET » (fusée) et dotée de la chaudière tubulaire de Marc SEGUIN remporte une course organisée, près de LIVERPOOL, par les compagnies des transports de la houille de NEWCASTLE.

Fig. 18. – La fusée.

Cette locomotive fut choisie pour desservir la « première grande ligne » reliant Liverpool à Manchester. Sa vitesse était de 28 km/h!

C'est la même année que fut ouverte la ligne entre Lyon et St-Étienne avec la locomotive de Marc SEGUIN.

Dans les années 1840 l'ingénieur anglais Thomas CRAMPTON battait tous les records en remorquant avec sa fameuse locomotive, dont les roues motrices dépassaient 2 mètres de diamètre, un train de 50 tonnes à la vitesse de 100 km/h, puis de 120 km/h. Le constructeur français CAIL construisit une centaine de « CRAMPTON » pour les réseaux du Nord, de l'Est du PLM entre 1849 et 1864.

Ces machines ne disposant que d'un essieu moteur ne pouvaient remorquer que des trains de quelques dizaines de tonnes.

Les recherches vont tendre alors à augmenter l'aptitude des machines à la traction de trains de plus en plus lourds. La solution fut trouvée en multipliant le nombre des essieux moteurs, les roues étant plus petites et reliées entre elles par des bielles d'accouplement.

Fig. 19. – « La Bourbonnais », locomotive de type Crampton.

La figure 19 nous montre une locomotive de ce type construite à plus de 1 000 exemplaires : « *La Bourbonnais* ». La première fut mise en service sur le réseau du PLM en 1854 et la dernière réformée en 1960 !

Fig. 20. – Machine à grande vitesse de la Cie d'Orléans.

La locomotive ci-dessus (Fig. 20) est due à l'ingénieur FORQUENOT. Construite de 1876 à 1883, elle était habillée, sur le corps de chaudière d'une enveloppe de laiton poli.

L'une d'entre elles est restée à l'inventaire de la S.N.C.F. jusqu'en 1962 ! Une telle machine circulait sur la ligne POITIERS-LE BLANC qui passait par CHAUVIGNY.

LES MACHINES MARINES

Denis PAPIN, en 1707 aurait construit un bateau à vapeur, mais les mariniers qui pensaient être minés par cette nouvelle invention mirent en pièces sa machine... De nombreuses et infructueuses tentatives seront faites pendant près d'un siècle. C'est au marquis de JOUFFROY qu'appartient l'invention du bateau à vapeur. En 1783 JOUFFROY accomplit plusieurs fois le trajet de Lyon à l'île Barbe, sur la Saône, avec son bateau muni d'une machine à vapeur à simple effet à deux cylindres, faisant mouvoir deux roues à aubes.

Fig. 21. – La Victoria, paquebot anglais faisant le service de Douvres à Calais.

Il faudra cependant attendre encore presque un quart de siècle pour constater la réussite de FULTON en Amérique qui grâce à une machine à vapeur du type montré par la gravure ci-contre, construite en Angleterre dans les ateliers de BOULTON et WATT, accomplit une traversée de 120 miles en 30 heures.

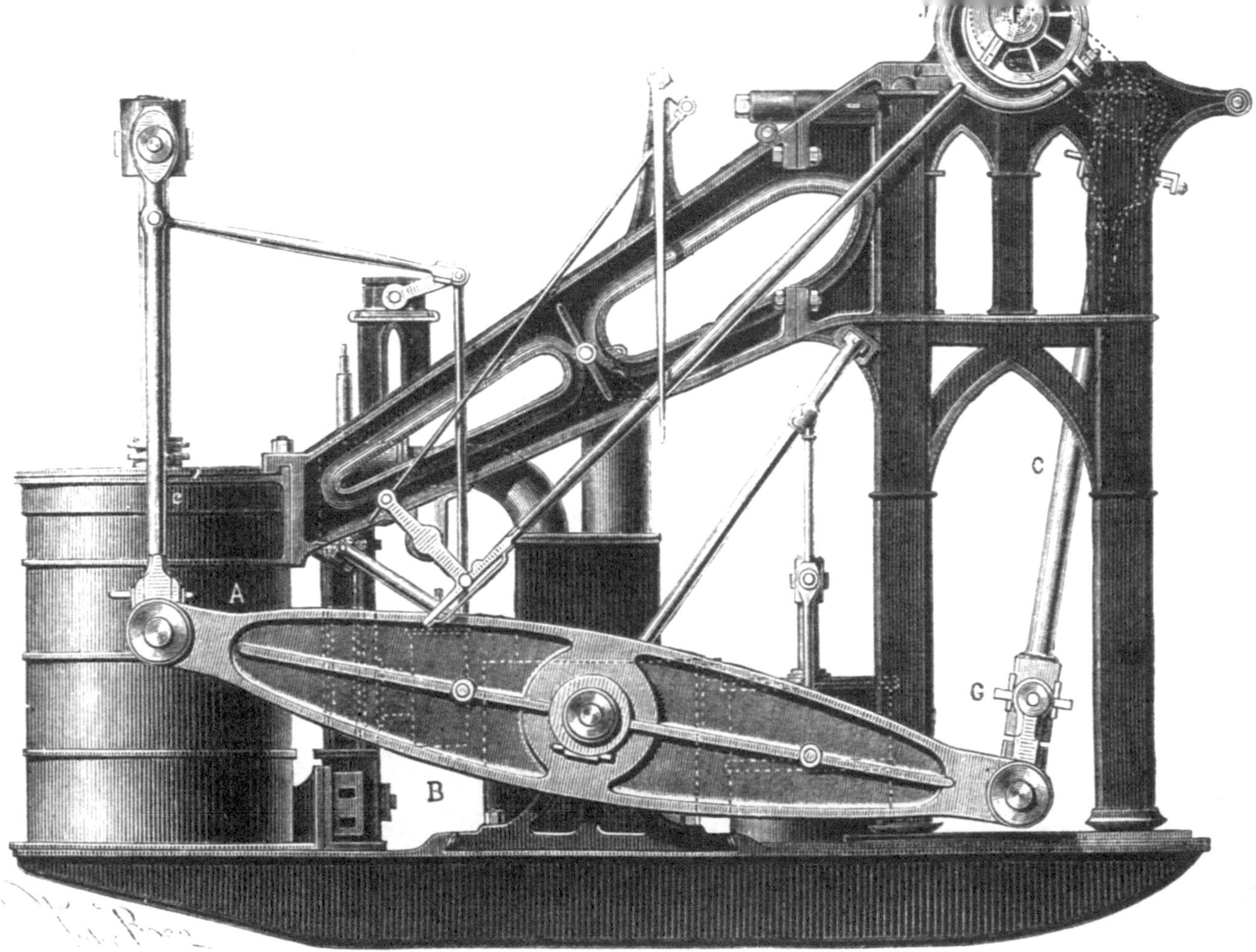

Fig. 22. – Machine manne à balancier : vue extérieure.

Dès lors le problème et les techniques employées à la propulsion par la machine à vapeur ne cesseront de s'améliorer: en 1852, le vaisseau « *Napoléon* » est poussé par une machine de 2 000 chevaux!

Les premières machines à vapeur marines ne différaient de la machine de WATT en usage dans les usines et manufactures que par la position du balancier qui, au lieu d'être placé au-dessus du cylindre, était disposé au-dessous (Fig. 22). Ceci afin de gagner de la place en hauteur et d'abaisser le centre de gravité de la machine. Sur l'arbre moteur placé en hauteur étaient généralement montées les roues à aube.

Malgré l'encombrement qu'elle occasionnait elle fut en faveur pendant près d'un demi-siècle.

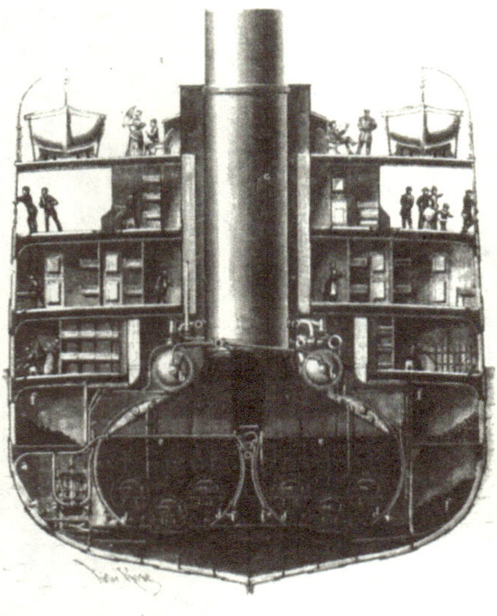

Fig. 23. – Coupe transversale de la *Champagne* par la chambre des chaudières

Ces machines à balancier furent détrônées par les « machines oscillantes » ainsi appelées parce que leur cylindre, par le mouvement de la bielle, oscillait sur un axe. Son application fut faite sur la plupart des jouets à vapeur bon marché du fait de sa simplicité.

L'apparition de l'hélice placée à l'arrière du bateau, comme moyen de transmission obligea les ingénieurs à changer la disposition des machines à vapeur. On en profita pour les rendre toujours plus compactes et plus puissantes.

Les machines horizontales furent ensuite abandonnées au profit de machines verticales pour plusieurs raisons: les bateaux étant de plus en plus profonds on pouvait augmenter la taille de la machine ; d'autre part, toutes les parties frottantes se trouvant verticales, la pression de leur poids est également répartie; il n'y a donc pas d'ovalisation des cylindres; il est plus commode de tourner tout autour pour l'entretien, etc.

Les deux gravures (fig. 23 et fig. 24) nous montrent la place importante prise par la machine à vapeur et les chaudières d'alimentation, dans

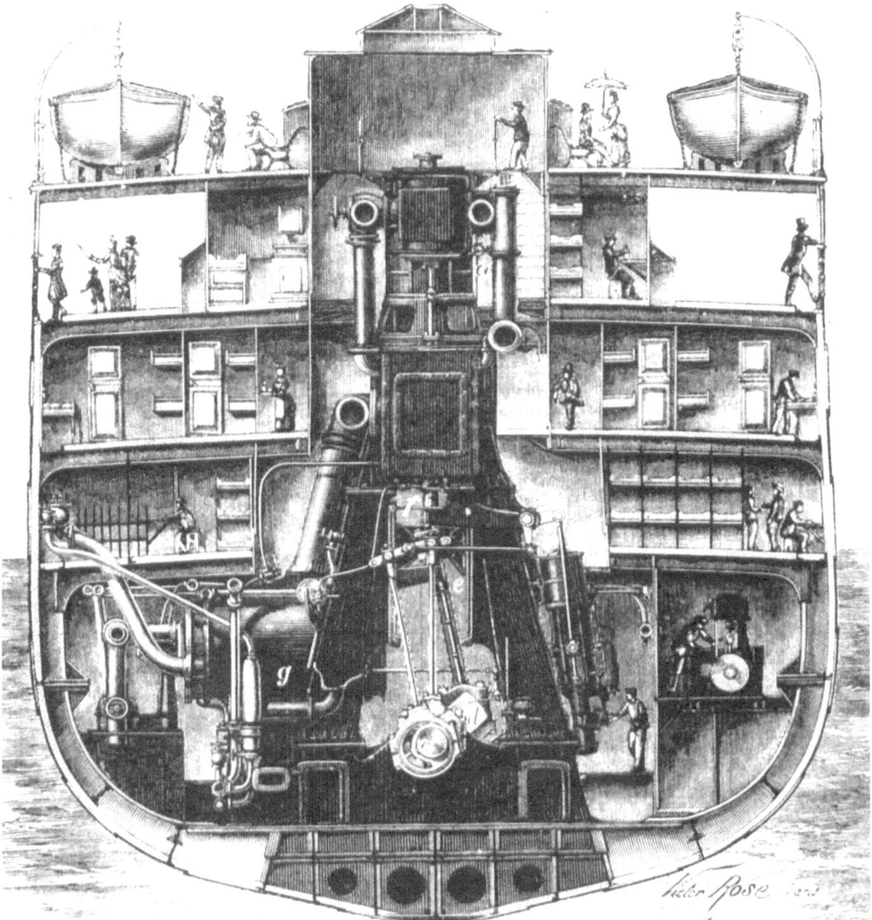

Fig. 24. – Coupe transversale de la *Champagne* par la chambre des chaudières

Fig. 25. – Canot à vapeur de M. Abel PIFRE.

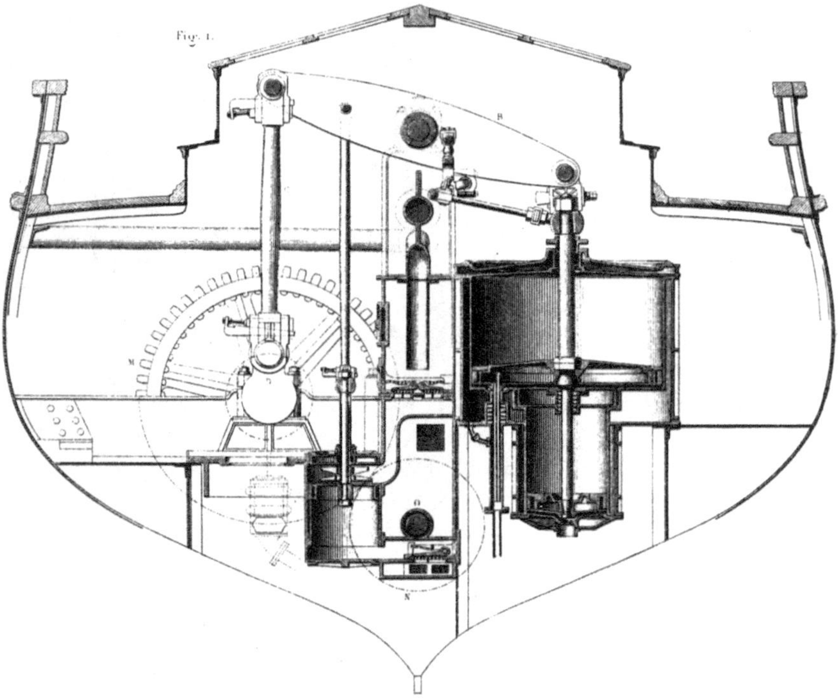

Fig. 26. – Machine à balancier type Watt.

un transatlantique des années 1880. « *La Champagne* » était le nom de ce navire de 155 mètres de long. L'hélice de 7 mètres de diamètre était entraînée par trois machines à vapeur verticales accouplées, d'une puissance totale de près de 10 000 chevaux !

Par la suite, certains navires de guerre ou transatlantiques portèrent cette puissance à 20 000 chevaux !

Les machines à vapeur marines se sont également appliquées à ce qu'on appellerait aujourd'hui la navigation de plaisance. Ces petites machines pouvaient être actionnées sans le secours d'un mécanicien, avec une autonomie d'environ 1 heure 1/2 pour une vitesse de 10 à 15 km/h.

La figure 26 représente une machine à balancier du type WATT actionnant l'arbre d'hélice par une énorme roue dentée. Il est facile de voir ici la place occupée par ce type de machine.

Les guindeaux utilisés pour remonter les chaînes des ancres, les différents treuils, les ventilateurs, les appareils de levage, la commande du gouvernail, les pompes de cales, les dynamos électriques furent très vite équipés de petits moteurs à vapeur (fig. 27).

Fig. 27. – Treuil à vapeur à tambour. (Type vertical à engrenages).

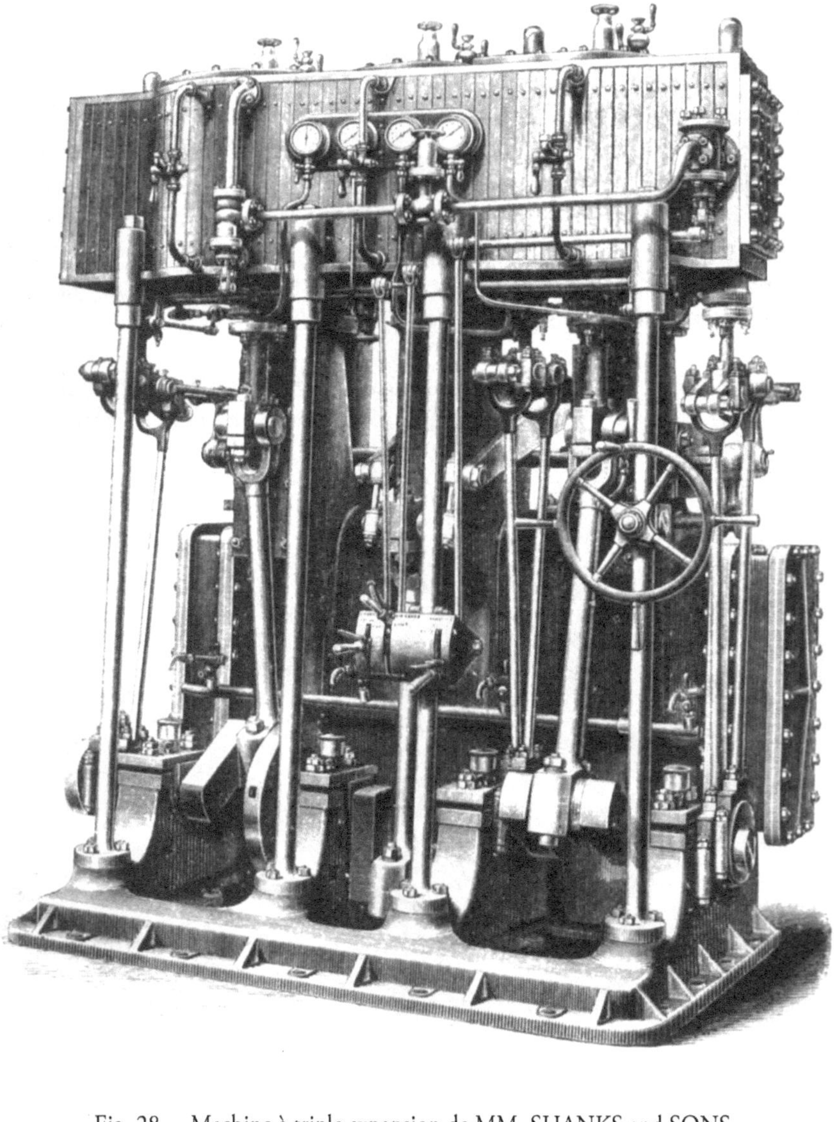

Fig. 28. – Machine à triple expansion de MM. SHANKS and SONS.

WATT avait déjà compris l'économie réalisée par l'usage de la détente de la vapeur. Quelques années plus tard le constructeur Anglais WOOLF transforma la machine de WATT en disposant à côté du cylindre ordinaire, un second cylindre plus petit. La vapeur admise à pleine pression dans le petit cylindre (appelé cylindre haute pression) venait se détendre dans le premier cylindre (appelé cylindre basse pression) avant d'être liquéfiée dans le condenseur. Cette nouvelle disposition fit descendre la consommation de 6 kg à 3 kg de charbon par cheval/heure.

Afin de réduire encore cette consommation les ingénieurs imaginèrent une machine à trois cylindres, dite à « triple expansion » (figure 28).

Les trois cylindres sont de tailles différentes, de sorte que la vapeur admise à haute pression dans le plus petit, se détend une première fois dans le cylindre moyen, puis une deuxième fois dans le troisième cylindre avant de se liquéfier dans le condenseur fixé au dos de la machine. La consommation chute alors de 3 kg à 1 kg de charbon par cheval et par heure...

Pages suivantes : **Machine à vapeur de la manufacture de porcelaine Deshoulières.**

Cette machine fut fabriquée en 1907 par les Ets DUJARDIN. C'est en 1945 qu'elle fut installée à la manufacture de porcelaine de CHAUVIGNY, rue Vassalour. D'une puissance d'une centaine de chevaux à 104 tours/minute, la machine était reliée à un alternateur par une courroie montée sur une poulie de plus de 5 mètres de diamètre. Elle produisit du courant de 1945 à 1986 date à laquelle elle fut donnée à la Sté Archéologique par MM. DESHOULIÈRES. Cette machine sera remontée dans le futur musée d'Archéologie Industrielle qui s'installera dans le donjon de GOUZON. Une destinée qui ravira les nombreux amateurs de machines à vapeur qui auraient déploré qu'à l'instar de beaucoup d'autres, elle soit livrée au chalumeau des démolisseurs.

LES MACHINES FIXES

C'est l'ingénieur Anglais MAUDSLAY qui, en 1807, résolut le problème de la machine verticale sans balancier, se débarrassant ainsi de cette lourde et encombrante pièce de fonte qu'était le balancier. En 1812, SAULNIER l'introduisit en France.

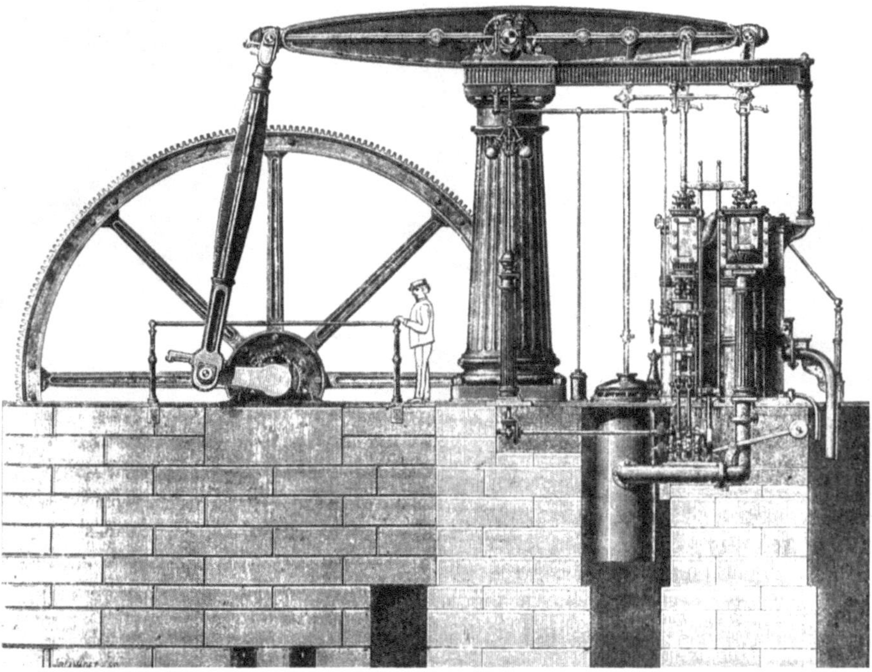

Fig. 29. – Machine de WOLF à détente perfectionnée construite par M. POWEL, de Rouen.

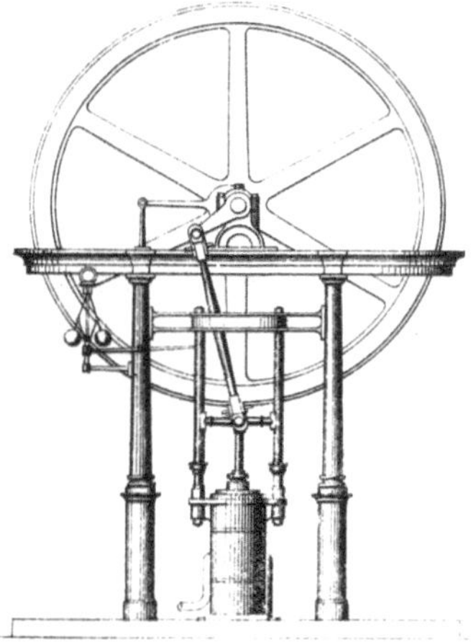

Fig. 30. – Machine de BOURDON.

Fig. 31. – Machine de BOURDON
à deux cylindres.

Fig. 32. –Machine DUJARDIN et Cie de 600 chevaux.

Dès lors toutes les dispositions les plus originales furent adoptées, soit pour détourner des brevets, soit pour des raisons pratiques, et quelquefois pour des raisons purement esthétiques.

Chaque constructeur voulut avoir ses formes et ses dispositions particulières.

La vitesse des machines devenant de plus en plus grande, il leur fallait la plus grande stabilité possible, c'est pour cette raison que les constructeurs adoptèrent le plus souvent la position horizontale du cylindre et du bâti de la machine (fig. 32). D'autre part, ce type de disposition s'appliqua plus facilement à une multitude d'industries. Il était facile pour le mécanicien, chargé de l'entretien et de la conduite, d'avoir accès aux différentes pièces de la machine.

Une autre disposition courante était celle des machines verticales du type « Pilon » où le ou les cylindres étaient soutenus par de solides bâtis en forme de « A » (fig. 33).

Ce type de machine verticale fut surtout utilisé comme nous l'avons vu sur les bateaux.

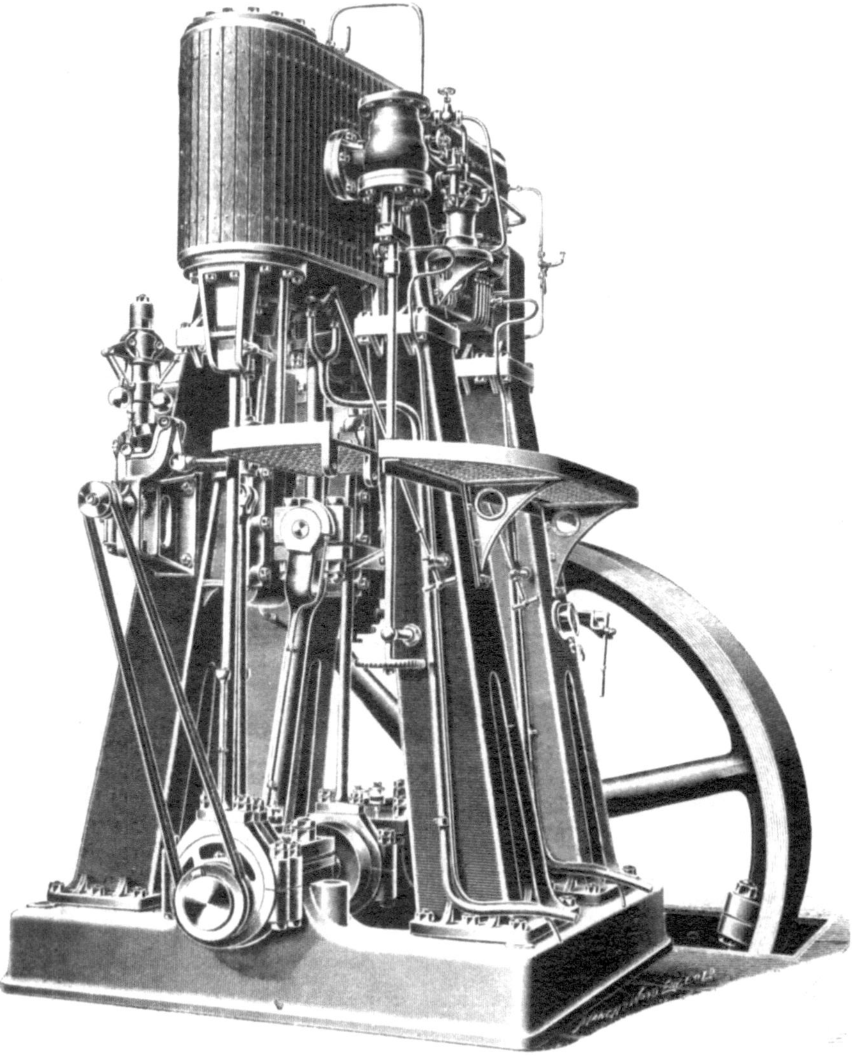

Fig. 33 – Machine verticale type « Pilon».

Les machines à vapeur étaient reliées à leur outil de travail, soit directement, soit par l'intermédiaire de courroies ou de câbles montés sur le volant ou une poulie placée sur l'arbre moteur.

Les gravures de cette page et de la page voisine, nous montrent qu'il n'y avait pas de limite à l'utilisation de la machine à vapeur.

Monstre de plusieurs milliers de chevaux, elle pouvait se faire toute petite pour entraîner une machine à coudre et même un jouet d'enfant. Robuste et silencieuse, elle pouvait travailler un siècle sans pratiquement s'arrêter.

Il n'est pas rare de rencontrer encore dans les villes de semblables cheminées ; à leur pied se trouvaient le plus souvent une ou plusieurs machines à vapeur.

Les cheminées étaient plus ou moins hautes suivant l'importance des chaudières, le tirage que l'on voulait obtenir, et la gêne que risquait d'occasionner aux voisins la fumée qui en sortait. Elles avaient rarement moins de 30 mètres de hauteur.

Celle-ci mesurait 80 mètres mais une cheminée de New-York pour des usines d'exploitation des mines atteignit 154 mètres !...

Fig. 34. – Cheminée NICOU et DEMARIGNY, à l'Exposition de 1900.

Fig. 35. – Sirène à vapeur

Fig. 36. – Machine dynamo-électrique pour l'éclairage des navires.

LES MACHINES SEMI-FIXES

Ces machines étaient installées dans les petites manufactures, les petits ateliers, les chantiers de grands travaux. Elles évitaient les frais de fondation d'une machine fixe, et pouvaient être installées rapidement.

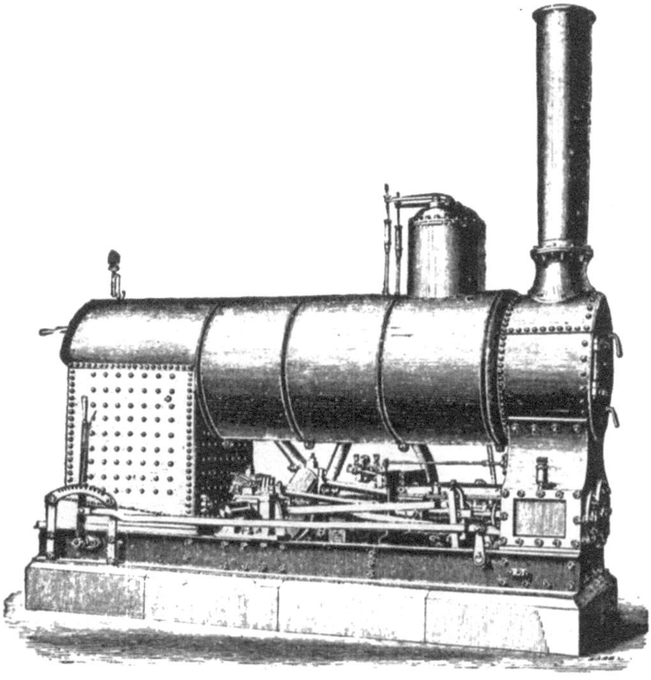

Fig. 37. – Machine fixe COMPOUND de 6 à 50 CV

Fig. 38. – Machine demi-fixe de l'usine Cail, à Paris.

La puissance de ces machines se situait le plus souvent en-dessous de 20 chevaux. La machine à vapeur était solidaire de la chaudière, placée sur le dessus, le dessous ou le côté de cette chaudière.

Cette petite machine semi-fixe construite par les frères BUFFAUD de Lyon (fig. 39), remporta un vif succès à l'exposition de Philadelphie.

Deux modèles étaient proposés : un de 2 chevaux et un de 4 chevaux.

Son mouvement est vertical ; au-dessus du cylindre le bâti s'élève dans toute la hauteur de la chaudière et porte, fondus d'une seule pièce, les paliers et les glissières ; il est boulonné à la chaudière et au socle. La pompe d'alimentation est accolée au cylindre du côté opposé à la boîte à tiroir.

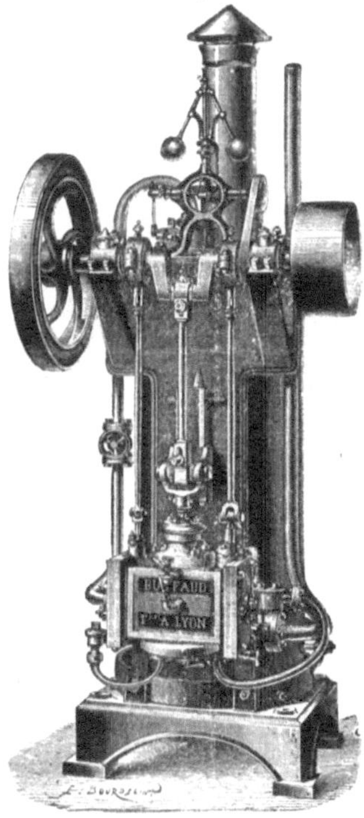

Fig. 39. – Machine semi-fixe BUFFAUD.

La machine de la page suivante (fig. 40), construite par HERMANN - LACHAPELLE à PARIS était très répandue dans les années 1860. La chaudière était montée sur un bâti en fonte, creux dans le pied et servait de bâche où l'eau d'alimentation était chauffée à 80° par la vapeur amenée du cylindre. Le cylindre était fixé sur l'une des colonnes qui supportaient l'arbre du moteur.

Différentes tailles étaient proposées. La machine de 1 cheval occupait 1 m^2 au sol, sa hauteur du sol à l'arbre était de 1,30 mètre ; son volant mesurait 0,90 m de diamètre. Celle de 4 chevaux mesurait déjà 1,85 mètre ; celle de 15 chevaux mesurait 2,75 mètres, elle occupait une surface de 2,4 m^2. Le diamètre du volant était de 2 mètres.

Ces petites machines servirent de modèle à de nombreux constructeurs de jouets.

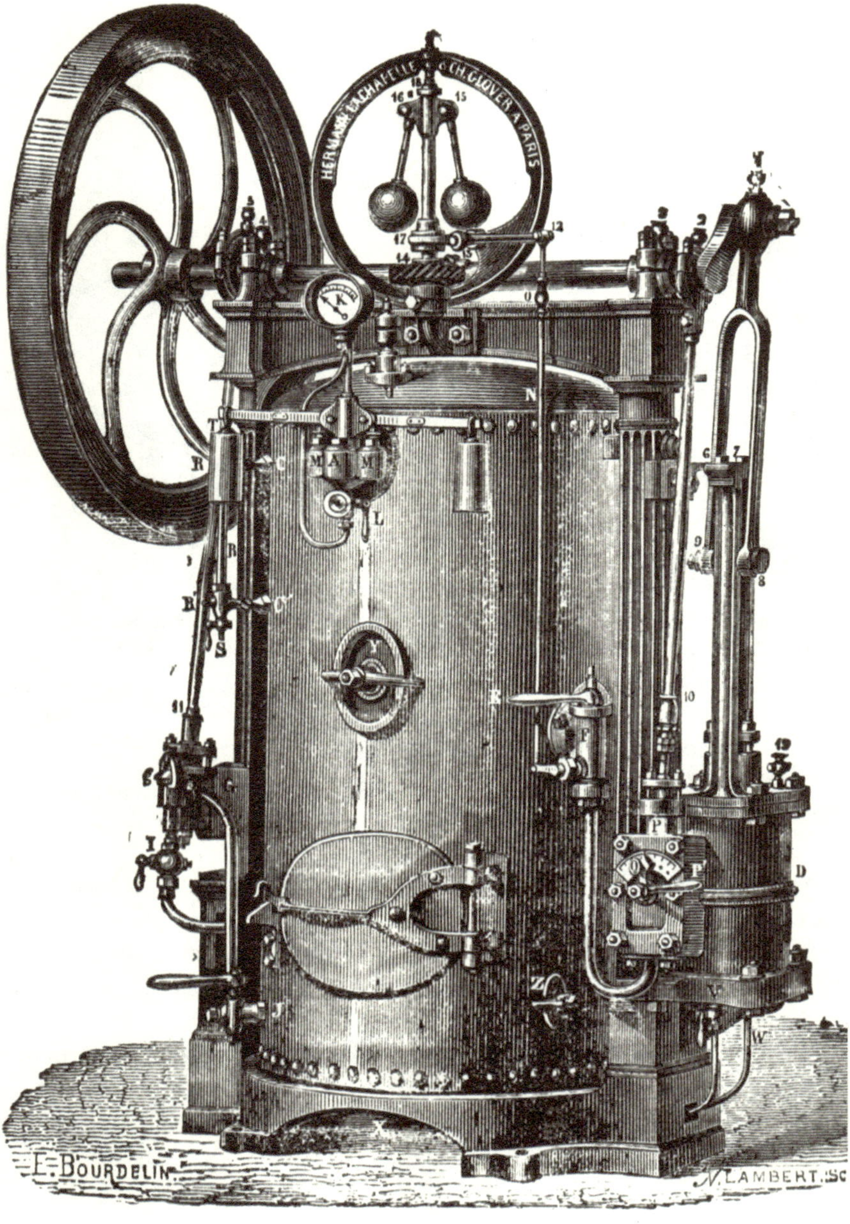
CH. GLOVER A PARIS
E. BOURDELIN
N. LAMBERT. Sc

LES LOCOMOBILES

Le premier projet de locomotive connu est celui du brevet d'invention GIRARD en 1809, mais les premières construites en France par BOURDON, ROUFFET et CAVE remontent à 1839. Il faudra attendre l'Exposition universelle de 1851 pour que les locomobiles se révèlent définitivement avec éclat pour plus d'un siècle.

Fig. 41. – Locomobile de 1913 - Catalogue Merlin.

Fig. 42. – Petite locomobile pouvant être attelée à un cheval.

La locomobile fut la machine à vapeur la plus répandue et la plus connue du grand public. Plus de cent modèles différents étaient exposés au concours universel de 1867. Leur fabrication ne cessa qu'après la deuxième guerre mondiale.

Destinée d'abord aux travaux agricoles, à « être traînée partout », même dans les mauvais chemins de traverse des campagnes, elle était de construction simple et très robuste et déplacée par des chevaux ou des bœufs. Sa puissance dépassait rarement 30 chevaux.

La gravure 41 est tirée du catalogue MERLIN de 1913. Douze modèles de 3 à 30 chevaux étaient proposés à des prix allant de 3 200 F à 9 100 F pour les chaudières habillées de laiton. La locomobile de 3 chevaux pesait 2 250 kg, celle de 30 chevaux 6 300 kg.

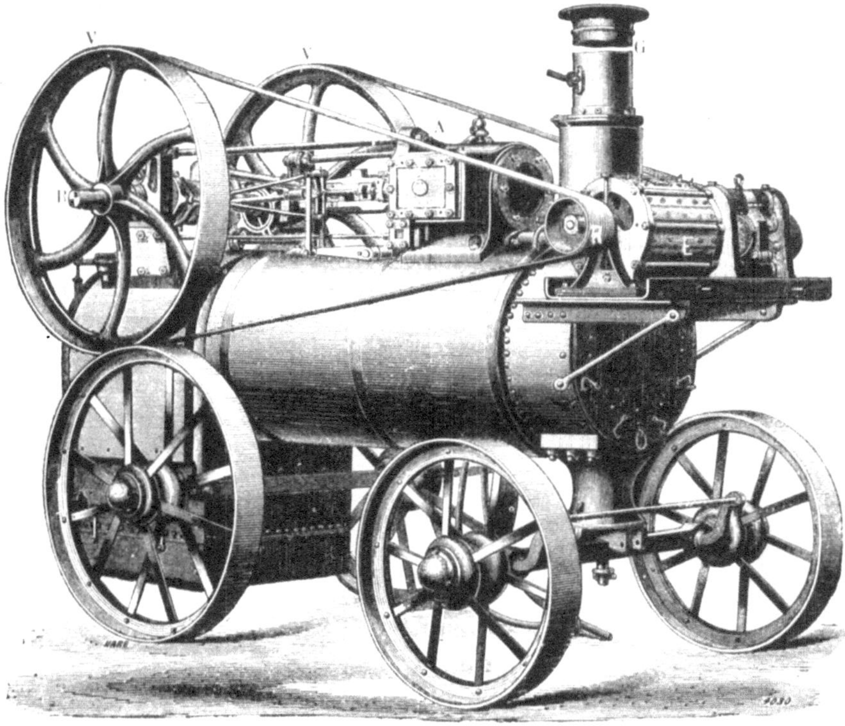

Fig. 43. – Locomobile à grande vitesse pour l'éclairage électrique de MM. RANSOMES, SIMS et JEFFERIES, de Lincoln.

La locomobile étant conçue, on comprend qu'on ait eu l'idée de la modifier de façon à lui permettre de se déplacer seule, voir remorquer sur les routes ordinaires des convois de voyageurs ou de marchandises en évitant ainsi les frais considérables occasionnés par l'installation d'une voie ferrée.

Fig. 44. – Locomobile routière à vapeur de MM. CLAYTON et SHUTTLEWORTH, de Lincoln (Angleterre), fonctionnant comme batteuse et élévateur de paille.

Fig. 45. – La même locomobile routière en marche.

Lourdes et peu rapides, ces machines n'eurent qu'un succès relatif. Ce qui était un inconvénient pour un véhicule à vapeur, ne l'était plus pour un rouleau à vapeur où le poids est un élément nécessaire et la vitesse peu importante. Le rouleau compresseur à vapeur pesant 4 fois celui remorqué par les chevaux, les chaussées ainsi roulées duraient 3 fois plus longtemps.

Fig. 46. – Machine routière à vapeur de M. FODEN, de Londres. ▸

Fig. 47. – Locomobile cylindreuse des chaussées. Système GELLERAT. Vue extérieure.

Fig. 48. – Expérience faite, au Champ de Mars, d'une locomotive routière appliquée au transport de l'artillerie.

Le poids de ce compresseur était de 27 tonnes et sa vitesse de 4 km/h.

C'est pour les transports militaires que les locomotives routières sont entrées dans la pratique. Dans ces circonstances, en effet, la question d'économie était secondaire.

Un grand nombre de ces machines furent livrées à l'artillerie car l'expérience avait montré qu'une machine de huit chevaux pouvait remorquer à une vitesse de 6 à 8 km/h quatre pièces de canon représentant un poids total de 22 tonnes.

Dans le même temps on construisait des véhicules à vapeur beaucoup plus légers et beaucoup plus rapides.

Fig. 49. – Locomobile de MM. CHALIGNY et GUYOT-SIOUNEST, actionnant un jeu de pompes à piston.

Fig. 50. – Grue automobile à vapeur, de M. GAILLARD frères, du Havre

Ainsi la voiture à vapeur construite par M. de CAMBIAIRE en 1881 était si légère que deux personnes la soulevaient aisément et celle de MM. de DION, BOUTON et TREPARDOUX roula avenue de la Grande Armée à PARIS en 1884 à la vitesse de 40 km/h.

Fig. 51. – Terrassier à vapeur de MM. RUSTON et PROCTOR, de Lincoln (Angleterre).

Une autre application importante de la locomobile consista à l'utiliser pour actionner directement une pompe à eau faisant corps avec le moteur. A la fin du siècle dernier toutes les grandes villes d'Europe et d'Amérique possédaient des pompes à incendie à vapeur.

C'est en Amérique qu'elles prirent naissance vers 1860 imaginées par MM. LEE et LARNED. Les plus connues sont celles construites en Angleterre par MM. SHAND et MASON et par M. Merry WEATHER.

La gravure 52 montre une pompe à incendie française, construite par la compagnie de FIVES-LILLE. La partie mécanique comporte trois cylindres moteurs et trois corps de pompe à eau au-dessus desquelles le châssis supporte une caisse servant de siège au cocher et à quatre pompiers, et formant une armoire, pour renfermer des pièces de rechange et l'outillage nécessaire au fonctionnement de la pompe.

La chaudière est verticale et entourée de deux caisses à charbon réunies par un marchepied sur lequel se tient le chauffeur, pendant le trajet de la pompe sur le lieu de l'incendie.

A partir du moment où le feu est placé sous le foyer, l'aiguille du manomètre indique une pression de 5 kg/cm^3 au bout de 10 minutes.

Fig. 52. – Pompe à incendie à vapeur de la Cie FIVES-LILLE.

Cette pompe fournit un jet qui, verticalement, atteint une hauteur de 40 mètres. A pleine puissance le débit peut atteindre plus de 2 000 litres d'eau par minute!

C'est M. GIFFARD, qui en 1852, osa s'élancer dans les airs sur un ballon à gaz hydrogène équipé d'une machine à vapeur.

Fig. 53. – Projet de ballon à vapeur de M. G. YON.

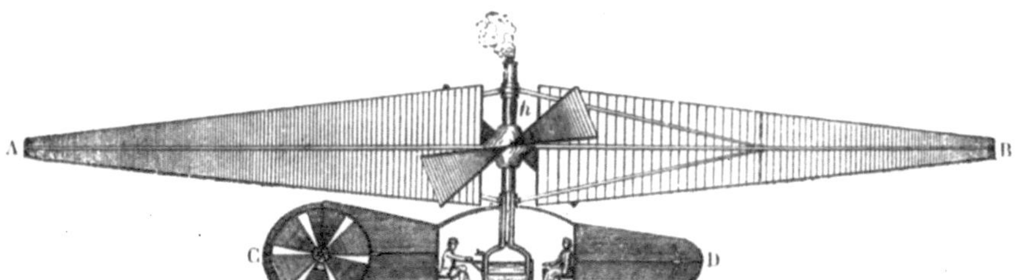

Fig. 54. – Hélicoptère à vapeur de M. ACHENBACH.

On peut dire que la machine à vapeur a trouvé son application dans tous les domaines possibles et imaginables y compris dans l'aviation puisque Clément ADER, en 1897, accomplit, avec son « *Avion III* » équipé d'une machine à vapeur, sur 300 mètres le premier vol digne de ce nom.

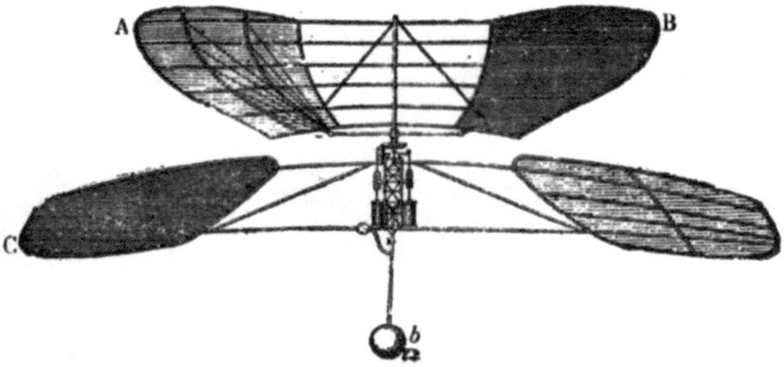

Fig. 55. – Appareil à vapeur du professeur FORIARINI.

LES TURBINES A VAPEUR

Malgré tous ses perfectionnements, la machine à vapeur alternative a fini par trouver ses limites pour céder la place au turbo-moteur à vapeur.

Inventée pourtant depuis très longtemps, la turbine à vapeur ne put guère rivaliser avec la machine alternative avant 1884, année où PARSONS construisit sa première turbine.

Fig. 56. – Turbine-pompe conjuguée en série.

La même année, de LAVAL faisait les premiers essais de sa turbine, qui fut utilisée industriellement.

En 1889, des turbines ont aussitôt été mises en place à bord de bateaux et dans l'industrie du fait de leur faible encombrement, de leur rendement mécanique supérieur et de leur puissance pratiquement illimitée.

De nos jours ce sont encore des turbines à vapeur qui entraînent les alternateurs dans les centrales nucléaires; seul le « combustible » a changé...

Table des Matières

Imprimé en France
Lightning Source - 78310 Maurepas

Sciences & Techniques

www.decoopman.com

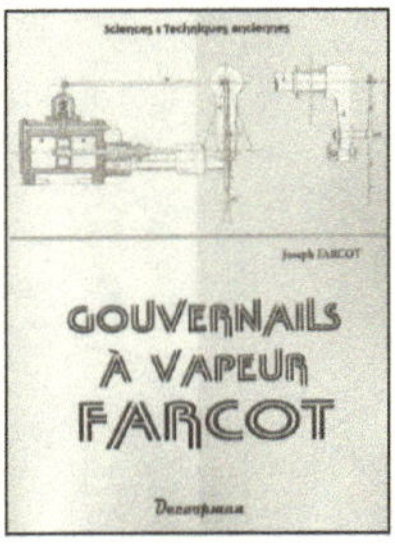

www.ingramcontent.com/pod-product-compliance
Lightning Source LLC
LaVergne TN
LVHW102249061026
849522LV00013B/899
* 9 7 8 2 3 6 9 6 5 0 3 1 7 *